目　次

前　言

本规范按照GB/T 1.1—2009《标准化工作导则　第1部分:标准的结构和编写》给出的规则起草。

本规范附录A、B、C、D、E、F为资料性附录。

本规范由中国地质灾害防治工程行业协会提出并归口。

本规范主要编制单位:中国地质大学(武汉)。

本规范参加编制单位:三峡库区地质灾害防治工作指挥部、中国地质环境监测院、湖北省自然资源厅地质灾害应急中心、云南省地质环境监测院、湖北省地质环境总站、重庆市地质灾害防治中心。

本规范起草人:牛瑞卿、黄学斌、武雪岭、叶润青、苑谊、熊志涛、祝传兵、杜琦、周翠琼、吕家华、沈铭、丁赞、李源、武永波、赵凌冉、霍志涛、陈红旗、郭磊。

本规范由中国地质灾害防治工程行业协会负责解释。

引　言

地质灾害群测群防是具有中国特色的防灾体系，在地质灾害防治工作中发挥了重要作用。为提高其组织管理及技术水平，体现"群专结合、网格化管理"等特点，统一技术标准，特制定本规范。

地质灾害群测群防监测规范(试行)

1 范围

本规范规定了滑坡、崩塌、泥石流等地质灾害群测群防监测的体系建设、工作程序、监测点布设、监测运行、信息平台建设和监测资料整理归档等内容。

本规范适用于滑坡、崩塌、泥石流等地质灾害隐患点的群测群防监测工作。

2 规范性引用文件

下列文件对于本规范的应用是必不可少的。凡是注日期的引用文件,仅所注日期的版本适用于本规范。凡是不注日期的引用文件,其最新版本(包括所有的修改单)适用于本规范。

GB/T 32864—2016 滑坡防治工程勘查规范

DZ/T 0216—2014 滑坡崩塌泥石流灾害调查规范(1∶50 000)

DZ/T 0221—2006 崩塌、滑坡、泥石流监测规范

DZ/T 0286—2015 地质灾害危险性评估规范

T/CAGHP010—2018 地质灾害应急演练指南

T/CAGHP 002—2018 地质灾害防治基本术语

T/CAGHP 063—2019 突发地质灾害点应急预案编制要求

T/CAGHP 069—2019 地质灾害监测通信协议

T/CAGHP 047—2018 地质灾害监测资料归档整理技术要求

3 术语和定义

下列术语和定义适用于本规范。

3.1

地质灾害群测群防监测 masses monitoring and preventing on geohazard

群众性监测预防地质灾害工作的统称,是相对于政府或企业专门投入经费,委托专业技术单位,采用专业技术进行重点地质灾害监测而言的,在地质灾害易发区开展以当地群众为主体的监测预警、减灾防灾工作。

3.2

网格化管理 grid management

通过划定网格、落实人员、明确职责和任务,实施分片包干、重心下沉的扁平化管理方式。

3.3

网格责任人 grid responsible person

网格化管理体系中负责组织地质灾害排查、巡查、核查,值班值守,险情预警,信息报告,应急处

置，科普宣传，应急演练等相关工作的人员。

3.4

网格管理员 grid manager

网格化管理体系中协助责任人开展地质灾害隐患点的排查、巡查及核查工作，督促、指导群测群防监测员开展日常监测工作的人员。

3.5

网格协管员 grid assistant manager

网格化管理体系中在网格管理责任人的组织下，进行汛期地质灾害排查、巡查和核查，出现地质灾害险情时开展应急调查，协助做好地质灾害应急处置与救援工作的人员。

3.6

网格专管员 grid specialist supervisor

网格化管理体系中参与地质灾害隐患点的排查、巡查和核查，配合网格管理员、网格协管员进行地质灾害隐患点日常监测数据的收集、整理、汇总及数据录入的工作人员。

3.7

简易自动化监测 simple automatic monitoring

利用便于安装、使用，并具备数据自动采集、传输及报警功能的简易监测仪器进行监测。

4 总则

4.1 目的

通过群测群防监测实现防灾减灾，保护群众生命财产及公共设施的安全。

4.2 任务

a） 落实防灾责任制。
b） 规范化建设地质灾害群测群防点。
c） 进行地质灾害监测、动态巡查。
d） 及时上报险（灾）情；组织群众应急避险。
e） 监测培训，防灾知识宣传。
d） 监测点的确定、增加与撤销。
e） 为专业监测工作提供基础依据。

4.3 基本要求

a） 对群众生命财产、公共设施、道路交通安全存在威胁的滑坡、崩塌、泥石流地质灾害，开展群测群防监测工作，应执行本规范。
b） 群测群防监测应按照人工监测和简易自动化监测相结合的方式开展。
c） 群测群防监测应与专业监测相结合。
d） 简易自动化监测点的部署应优先选择受威胁人数较多，潜在稳定性差，一旦发生灾害，会产生较大危害的滑坡、崩塌、泥石流地质灾害隐患点。
e） 在满足监测精度的前提下，宜选用经济、经久耐用、操作简便、易于维护的简易自动化监测设备。

f) 群测群防监测工作方案应由专业人员根据地质灾害隐患点的调查结果科学、规范制定，上报县(区)级主管部门审批后实施。

g) 群测群防监测应严格按照已审批的方案开展工作。

5 监测体系

5.1 管理体系

a) 群测群防监测应建立县(区)领导、乡(镇、街道办事处)负责、村组(社区)为基础的三级管理体系。

b) 群测群防监测应采取群专结合，确定专业技术支撑单位，建立专家管理系统，构建专业技术支撑体系。

c) 群测群防监测工作以实施网格化管理体系开展。

5.2 工作职责

a) 县(区)级人民政府履行辖区范围内的地质灾害群测群防工作主体责任，县(区)级人民政府地质灾害防治主管部门或单位负责对群测群防监测工作的管理、协调、指导和监督。

b) 乡(镇)级人民政府负责组织落实本辖区范围内的地质灾害群测群防监测工作，并对村组(社区)承担的群测群防工作进行管理、指导和监督。

c) 村组(社区)负责具体承担已确定的地质灾害隐患点的监测工作。

d) 专业技术支撑单位负责对县(区)地质灾害群测群防监测工作的技术支撑，包括监测方案的编制，监测网点的布设建设，监测数据的综合分析，对纳入监测的地质灾害点的调查、巡查和核查，险情应急调查和处置等方面的技术工作。

e) 专家受县(区)级人民政府的委托，提供专业技术咨询意见，对突发灾(险)情应急会商，并提出应急处置建议。

5.3 网格化管理组织

5.3.1 管理组织

由乡(镇、街道办事处)、乡(镇)地质灾害防治管理部门、技术支撑单位、村组(社区)的主管负责人分别担任网格责任人、网格管理员、网格协管员、网格专管员和监测员，构成网格化管理组织，实现所辖范围内已发现的地质灾害隐患点全面覆盖，通过管理人员的责任分工，共同承担网格内的地质灾害防治工作任务。群测群防网格化管理流程图见附录A。

5.3.2 网格划分

网格划分应按照“属地负责、边界清晰、方便管理”的原则，根据村组(社区)边界划分网格，以乡(镇、街道办事处)为地质灾害群测群防监测单元，确保全面覆盖。

5.3.3 网格管理职责

5.3.3.1 网格责任人职责

a) 负责组织网格管理员、网格协管员、网格专管员开展网格内地质灾害排查、巡查、核查，值班值守，险情预警，信息报告，应急处置，科普宣传，应急演练等相关工作。

b) 负责审定地质灾害险情、灾情信息速报。

c) 定期召开监测工作例会，协调网格区域内地质灾害防治工作。

d) 负责落实网格内地质灾害隐患点的防灾预案。

e) 督促地质灾害专管员、群测群防监测员依据地质灾害监测制度按时监测，出现险情及时报警，必要时及时进行应急处置。

5.3.3.2 网格管理员职责

a) 建立网格化管理台账，做好日常工作记录。

b) 组织网格内地质灾害隐患点防灾预案的编制及更新；指导网格专管员填写防灾工作明白卡和避险明白卡（简称“两卡”，见附录B），建立“两卡”档案；负责维护地质灾害监测标志和设施。

c) 负责地质灾害隐患点基础数据、监测数据的整理、汇总、上报；编制并汇报本网格区域内地质灾害防治年度工作总结。

d) 协助网格责任人开展地质灾害隐患点的排查、巡查、核查及调查工作；督促、指导群测群防监测员开展日常监测工作。

e) 出现地质灾害灾（险）情时，迅速组织核实灾（险）情，协助网格责任人上报灾（险）情，及时开展应急处置，做好应急避险撤离。

5.3.3.3 网格协管员职责

a) 在网格责任人的组织下，编制单个地质灾害隐患点的应急预案，明确应急撤离路线，确定监测预警工作措施。

b) 对地质灾害群测群防监测工作进行技术指导及培训宣传，指导开展突发地质灾害应急演练。

c) 协助网格管理员对地质灾害群测群防监测工作进行检查和监督；对地质灾害隐患点基础数据、监测数据进行汇总、整理和分析；对相关数据进行动态化管理，及时更新和维护。

d) 在网格责任人的组织下，进行汛期地质灾害排查、巡查和核查等工作；发现地质灾害险情时，及时开展应急调查，协助做好地质灾害应急处置与救援工作。

5.3.3.4 网格专管员职责

a) 负责网格内地质灾害群测群防点的监测和预警工作，组织网格内群众做好防灾避灾工作。

b) 安排网格内地质灾害隐患点的群测群防监测员，督促他们按规定开展日常监测。

c) 负责落实地质灾害隐患点应急预案，维护警示牌、界桩、监测标志等相关设施。

d) 参与地质灾害隐患点的巡查、排查和核查；配合网格管理员、网格协管员进行地质灾害隐患点日常监测数据的收集、整理、汇总及录入。

e) 出现地质灾害险情时及时报告网格管理员，必要时及时开展应急处置，组织应急避险撤离等工作。

5.3.3.5 监测员

a) 负责单个地质灾害隐患点的监测工作，按规定及时报送监测数据，定期开展巡查工作。

b) 对灾害点影响范围内的居民进行防灾减灾科普宣传。

c) 管理和维护地质灾害监测标志、设施及简易自动化监测设备。

d) 出现地质灾害险情时及时向网格专管员上报，紧急情况下及时进行应急处置，组织自救和互救工作。

6 群测群防监测工作程序

6.1 群测群防监测工作部署

a) 县(区)级人民政府对地质灾害群测群防监测工作进行总体部署。

b) 县(区)级人民政府地质灾害防治主管部门(单位)进行地质灾害群测群防监测任务分解,并下达至乡(镇、街道办事处)。

c) 乡(镇、街道办事处)对县(区)级人民政府地质灾害防治主管部门下达的地质灾害群测群防监测任务进行组织落实。

d) 村组(社区)在乡(镇、街道办事处)政府领导下具体实施地质灾害群测群防监测工作。

e) 专业技术支撑单位受县(区)级人民政府地质灾害防治主管部门的委托,编制群测群防监测方案。

6.2 监测方案编制

a) 将威胁群众生命财产安全,威胁各类建筑物、设施和交通运输安全,潜在稳定性差,一旦发生会产生较大危害的滑坡、崩塌、泥石流等地质灾害隐患点纳入群测群防监测。

b) 群测群防监测方案以划分的网格为单元进行编制。

c) 监测方案编制内容:

1) 监测区的水文、气象、交通和地质环境条件。

2) 各监测灾害体的地质灾害类型、形态特征、规模、分布范围、稳定性现状、诱发因素、发展趋势、危险区和威胁对象。

3) 明确监测要素[地面裂缝、建(构)筑物裂缝、堰塘、泉井]、监测方法和监测频率。

4) 明确地质灾害体上每个监测点的数量及位置,确定宏观巡查路线。

5) 设计地质灾害体的界桩、监测标桩和警示牌等监测设施。

6) 确定自动简易监测仪器的类型、性能、主要参数和工作环境条件的适应性。

7) 明确监测数据收集、整理、汇总及报送等的有关要求。

8) 填写防灾工作明白卡和避险明白卡。

9) 明确预警方法和撤离路线。

10) 监测方案编制大纲见附录C。

6.3 监测点建设

6.3.1 监测点布设

a) 对灾害体上变形迹象较明显的地面裂缝、建(构)筑物裂缝和灾害体上的泉点、水井、堰塘等水体,应布设监测点。

b) 对受威胁人数较多、危害较大、变形迹象比较明显的地质灾害隐患点,应布设简易自动化监测仪器。常用简易自动化监测设备见附录D。

6.3.2 滑坡边界界桩布设

a) 灾害体边界(前缘、后缘、侧边界)应用小型混凝土界桩实地圈定。

b) 混凝土界桩应按照横截面15 cm×15 cm、长1.5 m的尺寸进行制作。

c) 界桩埋设在灾害体边界外侧10 m处，桩间距宜控制在20 m～100 m之间，埋深1 m，地面出露部分用红白相间油漆涂抹，并进行编号。

6.3.3 监测标桩的布设

a) 在选定的地面裂缝点，设立监测标桩（木桩）。长度小于10 m的裂缝布置1处监测点；10 m～50 m的裂缝布置2处监测点，间距5 m～20 m；大于50 m的裂缝，按间距为15 m～30 m布置监测点；大于50 m的断续裂缝，每一缝段均应至少设1处监测点。

b) 裂缝密集带的监测标桩应设在密集带两侧边界裂缝的外侧，距裂缝1 m～2 m处。地面裂缝监测标桩采用长150 cm、截面10 cm×10 cm的方木桩，或者直径为10 cm的圆形木桩。监测标桩位置距裂缝50 cm左右，桩顶用水泥钉标定监测位置。裂缝监测标桩埋设采用夯入法，埋入深度为1 m。

c) 对选定观测的建（构）筑物裂缝，在裂缝两侧建立监测标记点（如用水泥钉、红油漆、贴纸条点等作为标记），两侧的监测标记点距裂缝5 cm左右为宜。横封裂缝的贴纸条宽5 cm、长20 cm为宜，并要求对监测标记点进行编号。

d) 对选定的监测堰塘，设置木制标尺，用红油漆编号，对水位进行监测。

e) 对选定观测的水井，在井口设置井水位埋深起始测量监测标志，并用红油漆编号。

f) 对选定观测的泉点流出口，用容积法或流量法监测流量。

6.3.4 警示牌的布设

a) 对每一处开展群测群防监测的地质灾害体设置至少2块警示牌。警示牌应设立在灾害体影响范围内居民聚集区或道路两侧路口。

b) 警示牌最小尺寸为高1 m、宽1.5 m，材质为不锈钢。警示牌示样见附录E。

c) 警示牌内容应包括灾害体名称，全貌照片，具有标明监测点、巡查路线、撤离路线和灾害体边界的平面图，并有灾害体基本情况的文字说明（包括灾害点名称、位置、类型、规模、影响范围、影响对象、可能造成的经济损失等），标明预警信号，网格化管理的责任人、管理员、协管员、专管员和监测员姓名及其联系方式信息。

6.3.5 宏观巡查路线布设

a) 网格协管员根据灾害体现场实际情况，确定出地质灾害隐患点周界（侧边界、后缘、前缘），并实地用红油漆标注。

b) 网格协管员要在实地布设群测群防巡查监测路线及监测点（如裂缝监测点等），确定巡查时重点监测内容。上述内容均应在记录卡片上如实记录，并在现场逐一向县（区）地质环境监测站和当地群测群防人员交待清楚，讲解明白，并配合县（区）地质环境监测站现场建好群测群防监测网点，对群测群防监测点的责任人和监测员进行造册登记。

c) 网格协管员和所在专业技术支撑单位与群测群防监测员共同配合，在现场确定应急避险撤离路线，在灾害体各显著位置设立避险撤离标识，并做好相关记录。

6.3.6 监测点资料档案管理

对灾害体上的所建设的每个监测点标识进行定位、编号、拍照和记录，形成完整的建点资料档案，并按规定归档管理。

6.3.7 监测点建设验收

县(区)级人民政府地质灾害防治主管部门(单位)负责组织对已经完工的地质灾害监测网点进行现场验收,乡(镇、街道办事处)、村组(社区)主管人员和网格管理人员参加。

6.4 应急预案编制

参照《突发地质灾害点应急预案编制要求》(T/CAGHP 063—2019)执行。

6.5 宣传培训

a) 县(区)级人民政府地质灾害防治主管部门(单位)负责对乡(镇、街道办事处)地质灾害防治工作负责人员、网格管理人员及监测员,每年至少开展一次关于地质灾害防治工作程序、责任、监测方法、预警预报、应急处置等内容的技术培训。
b) 网格管理人员负责对地质灾害影响范围内的居民进行防灾避险知识宣传,增强群众防灾意识,提高群众的防灾自救和应急避险能力。

6.6 应急演练

参照《地质灾害应急演练指南》(T/CAGHP 010—2018)执行。

6.7 汛期值守

a) 县(区)级人民政府地质灾害防治主管部门(单位)、网格管理人员,在汛期(每年 5 月—10 月)进行专项值班值守。
b) 建立灾(险)情日报告制度,每天逐级上报群测群防监测工作情况。

6.8 险情上报及应急处置

a) 当出现灾(险)情时,应通过网格化管理体系迅速上报至县(区)级人民政府地质灾害防治主管部门(单位)。
b) 县(区)级人民政府地质灾害防治主管部门(单位)在接到灾(险)情报告后,立即召集网格协管员和专家,开展现场应急调查和会商,提出应急处置专业指导建议,及时指导地方开展应急处置工作。
c) 根据灾(险)情实际,必要时立即发布预警,及时启动应急预案,立即组织应急处置和救援。

7 群测群防监测运行

7.1 监测方法

7.1.1 地面裂缝监测方法

7.1.1.1 人工监测

a) 埋木桩法:适用于监测地面裂缝。在斜坡上横跨裂缝两侧,各埋设 1 根木桩,木桩与裂缝距离宜为 1 m～1.5 m,桩顶钉铁钉,固定测点位置,用皮尺或钢卷尺等工具量测铁钉之间的距离。

b） 埋水泥桩法：在斜坡上横跨裂缝两侧，各埋设一根水泥桩，水泥桩与裂缝距离宜为 1 m～1.5 m，桩顶埋设铁钉，用钢卷尺量测桩顶铁钉尖之间的距离。

7.1.1.2 简易自动化监测

a） 简易拉线式裂缝计：实时测量裂缝缝宽位移变化量，并实时上传监测数据信息。

b） 裂缝报警器：可设置裂缝缝宽位移阈值，超过阈值触发报警装置。

c） 地表变形预警伸缩仪：可设置地表变形阈值，超过阈值触发报警装置。

d） 便携式 GNSS 位移监测：具有 RTK 高精度定位和位移测量功能，精度可达毫米级，监测数据可实时上传。

e） 崩塌报警仪：监测崩塌体倾斜角度。可设置倾斜角度阈值，超过阈值触发报警装置。

f） 倾斜报警仪：实时测量倾斜角度，并上传信息。可设置倾斜角度阈值，超过阈值触发报警装置。

7.1.2 建（构）筑物裂缝监测方法

7.1.2.1 人工监测

a） 埋钉法：适用于地面或建筑物上的裂缝。在裂缝两侧各钉一颗铁钉，通过测量两侧铁钉之间的距离变化来了解裂缝的变形情况。

b） 贴片法：适用于墙面或岩体上的裂缝。在建（构）筑物或岩体裂缝两侧用浆糊贴纸片，在纸片上位于裂缝两侧各画一个“＋”字标记，用尺记录两侧“＋”字标记之间的距离，读数保留到毫米，并在纸片上注明首次观测记录时间。

c） 上漆法：适用于建筑物或岩体上的裂缝。在水泥地坪和建筑物裂缝的两侧用油漆各画上一道标记，通过测量两侧标记之间的距离来监测裂缝变形情况。

7.1.2.2 简易自动化监测

a） 简易拉线式裂缝计：同 7.1.1.2 a）。

b） 裂缝报警器：同 7.1.1.2 b）。

c） 地表变形预警伸缩仪：同 7.1.1.2 c）。

d） 倾斜报警仪：同 7.1.1.2 f）。

7.1.3 地表水体（水库、堰塘、河流）监测方法

a） 人工监测：标尺法，地表水体设置木制水位标尺，监测地表水体水位变化。

b） 简易自动化监测：便携水位计，可实时监测水位数据，并上传监测数据。

7.1.4 井水监测方法

a） 人工监测：用测绳法，即在井口用红油漆标注固定的测量位置，监测水井水位。

b） 简易自动化监测：便携水位计，可实时监测水位数据，并上传数据。

7.1.5 泉流量监测方法

a） 容积法：用水桶、水盆等容器量测，首先确定容器的容积，记录装满水的时间，泉流量值为容器体积除以容器装满水的时间。

$$Q = V/t \tag{1}$$

式中：Q——泉流量值，单位为升每秒（L/s）；

V——容器体积,单位为升(L);

T——容器装满水的时间,单位为秒(s)。

b) 流量法:用三角堰或简易流量计量测。

7.1.6 雨量监测方法

a) 半定量法:根据监测员的经验描述,应记录降雨过程起始时间和降雨量(雨量用暴雨、大雨、中雨和小雨定性描述)。

b) 定量法:用简易自动雨量计量测。

7.1.7 宏观巡查

群测群防监测员要定期对负责监测的地质灾害隐患点进行宏观巡查,宏观巡查按单点地质灾害应急预案规定的宏观巡查路线进行,并做好巡查时间、路线、沿途观测和监测变形情况的简要记录。巡查员应配备必要的群测群防装备(见附录F)。宏观巡查主要内容包括:

a) 地表变形迹象:有无加剧或新增裂缝、洼地、鼓丘及滑塌变形等现象。

b) 建筑物变形迹象:有无加剧或新增房屋开裂、倾斜、沉陷、垮塌等现象。

c) 植物变形迹象:有无加剧或新增树木歪斜、倾倒等现象。

d) 地表水变化情况:泉水及井水有无浑浊、流量增大或减少,堰塘水有无减少等现象。

e) 泥石流位于沟谷下游的沟谷洪水有无突然断流、水量突然减少或者突然增大、变浑等现象。

7.2 监测频率

7.2.1 人工监测频率

a) 裂缝监测频率:非汛期每周监测一次,汛期为每周监测两次。暴雨、久雨期间,根据监测资料反映,滑坡变形有连续增大的趋势时,则及时加密监测,视情况进行每日一次或每日数次监测。

b) 地表水监测频率:正常情况下,一周监测一次。降雨的情况下,雨前监测一次,雨后监测一次。人工取水时,取水前监测一次,取水后监测一次。

c) 井水监测频率:正常情况下,一周监测一个频次。每个频次包含早、晚两个监测值。降雨的情况下,雨前监测一次,雨后监测一次。

d) 泉流量监测频率:正常情况下,一周监测一次。降雨的情况下,雨前监测一次,雨后监测一次。

7.2.2 简易自动化监测频率

简易自动化监测频率可设定每隔0.5 h采集一个数据。

7.2.3 宏观巡查频率

a) 巡查频率为汛期每周两次,非汛期每周一次。

b) 若遇暴雨或久雨,要加密巡查频率,扩大巡查范围。

7.3 数据报送和传输

7.3.1 人工监测数据报送

人工监测数据应采用智能手机、平板电脑等便携设备，采集监测数据后，及时录入并上传至地质灾害监测信息系统平台，同时做好原始数据的备份。

7.3.2 简易自动化监测数据传输

简易自动化监测数据传输，应参照《地质灾害监测通讯协议》(T/CAGHP 069—2019)标准的统一要求，自动记录、定时推送至地质灾害监测信息系统平台。

7.4 排查、巡查、核查

a) 在汛前、汛中和汛后，县(区)级人民政府地质灾害防治主管部门(单位)应组织技术支撑单位、乡(镇、街道办事处)和村组(社区)负责人开展汛前排查、汛中巡查和汛后核查的“三查”工作，结果及时报送县(区)级人民政府。
b) 对城镇、学校、集市等人口密集区和重要交通干线、风景名胜区、重要工程建设活动区要进行重点排查。
c) 乡(镇)地质灾害防治主管部门应组织网格管理人员，对稳定性较差的监测点进行重点排查、巡查和核查。

7.5 临灾预警

可参考下列临灾前兆编制群测群防应急预案。滑坡、崩塌、泥石流群测群防监测点出现下列现象时，应加密监测，及时发布临灾预警信息。

7.5.1 滑坡、崩塌临灾前兆

a) 滑坡后缘出现明显的连续弧形裂缝，边界裂缝基本贯通。
b) 滑坡前缘出现规律排列的纵向裂缝。
c) 滑坡前缘土体突然强烈上隆鼓胀。
d) 滑坡前缘突然出现局部滑坍。
e) 滑坡地表堰塘和水田水位突然下降或干涸。
f) 滑坡前缘泉水流量突然异常变化。
g) 猪、牛、鸡、狗等动物惊恐不宁，出现老鼠乱窜不进洞等异常现象。

7.5.2 泥石流临灾前兆

a) 泥石流沟谷下游洪水突然断流、水量突然减少或者突然增大、水质变浑。
b) 泥石流沟谷上游突然传来异常轰鸣声。
c) 泥石流沟谷上游出现异常气味。
d) 泥石流沟谷出现滑坡堵沟。
e) 泥石流支沟出现小型泥石流。
f) 动物出现鸡犬不宁、老鼠搬家等异常现象。

8 信息平台建设

a) 平台建设应根据群测群防网格化管理的实际需求,参照已发布的相关信息化标准开展建设。

b) 根据群测群防监测工作的实际需求,建立满足群测群防工作管理、数据传输、存储、处理及汇总分析等功能需要的信息数据库。

9 资料整理及归档

参照《地质灾害监测资料归档技术要求》(T/CAGHP 047—2018)执行。

附　录　A
（资料性附录）
群测群防网格化管理流程图

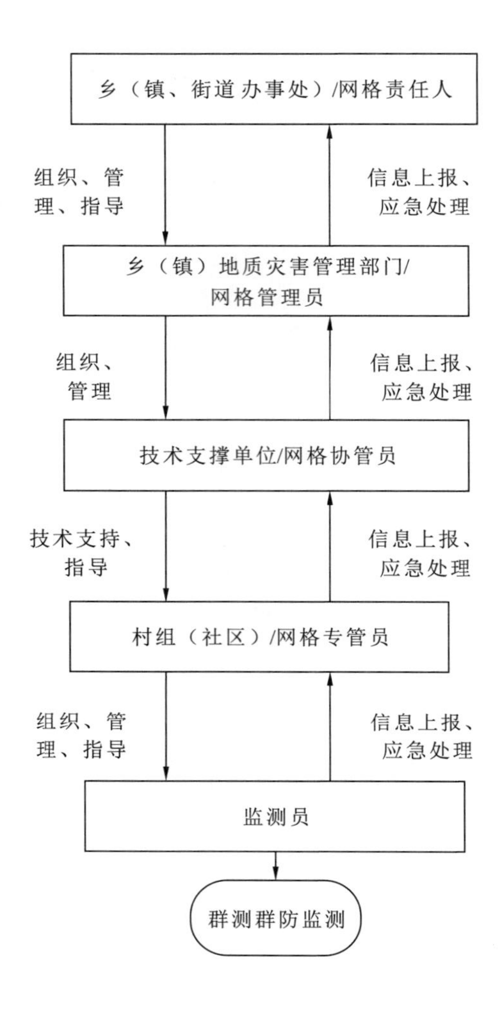

附 录 B
(资料性附录)
防灾工作明白卡、避险明白卡、监测点布置表和监测记录表

表 B.1 地质灾害防灾工作明白卡

＿＿＿＿＿＿乡(镇、街道办事处)＿＿＿＿＿＿村＿＿＿＿＿＿组　　编号＿＿＿＿＿＿

<table>
<tr><td rowspan="3">灾害基本情况</td><td>灾害位置</td><td colspan="4"></td></tr>
<tr><td>灾害类型</td><td colspan="2"></td><td>灾害规模</td><td></td></tr>
<tr><td>诱发因素</td><td colspan="2"></td><td>威胁对象</td><td></td></tr>
<tr><td rowspan="3">监测预报</td><td>监测负责人</td><td colspan="2"></td><td>联系电话</td><td></td></tr>
<tr><td>监测的主要迹象</td><td colspan="2"></td><td>监测的主要
手段和方法</td><td></td></tr>
<tr><td>临灾预报的判断</td><td colspan="4"></td></tr>
<tr><td rowspan="9">应急避险撤离</td><td>预定避灾地点</td><td colspan="2"></td><td>预定报警信号</td><td></td></tr>
<tr><td>预定疏散路线</td><td colspan="4"></td></tr>
<tr><td>疏散命令发布人</td><td colspan="2"></td><td>值班电话</td><td></td></tr>
<tr><td rowspan="2">抢险、排险</td><td>单位</td><td></td><td rowspan="2">值班电话</td><td rowspan="2"></td></tr>
<tr><td>负责人</td><td></td></tr>
<tr><td rowspan="2">治安保卫</td><td>单位</td><td></td><td rowspan="2">值班电话</td><td rowspan="2"></td></tr>
<tr><td>负责人</td><td></td></tr>
<tr><td rowspan="2">医疗救护</td><td>单位</td><td></td><td rowspan="2">值班电话</td><td rowspan="2"></td></tr>
<tr><td>负责人</td><td></td></tr>
<tr><td rowspan="3">本卡
发放单位
(盖章)</td><td colspan="2">负责人</td><td></td><td>持卡单位或个人</td><td></td></tr>
<tr><td colspan="2">联系电话</td><td></td><td>联系电话</td><td></td></tr>
<tr><td colspan="2">日　期</td><td>年　月　日</td><td>日　期</td><td></td></tr>
</table>

(本卡发至地质灾害隐患监测人员或单位,一式三份,监测人员、发放单位、自然资源管理部门各存一份)

表 B.2 地质灾害防灾避险明白卡

<table>
<tr><td>户主姓名</td><td></td><td>家庭人数</td><td></td><td>房屋类别</td><td></td><td rowspan="2">灾害基本情况</td><td>灾害类型</td><td></td></tr>
<tr><td>家庭住址</td><td colspan="5"></td><td>灾害规模</td><td></td></tr>
<tr><td rowspan="4">家庭成员</td><td>姓名</td><td>性别</td><td>年龄</td><td>姓名</td><td>性别</td><td>年龄</td><td rowspan="3">灾害体与本住户的位置关系</td><td rowspan="3"></td></tr>
<tr><td></td><td></td><td></td><td></td><td></td><td></td></tr>
<tr><td></td><td></td><td></td><td></td><td></td><td></td></tr>
<tr><td></td><td></td><td></td><td></td><td></td><td></td><td>本住户注意事项</td><td></td></tr>
</table>

<table>
<tr><td rowspan="5">监测与预警</td><td>监测人</td><td></td><td rowspan="5">撤离与安置</td><td>撤离路线</td><td colspan="3"></td></tr>
<tr><td>联系方式</td><td></td><td rowspan="2">安置单位地点</td><td rowspan="2"></td><td>负责人</td><td></td></tr>
<tr><td>预警信号</td><td></td><td>联系电话</td><td></td></tr>
<tr><td>预警信号发布人</td><td></td><td rowspan="2">救护单位</td><td rowspan="2"></td><td>负责人</td><td></td></tr>
<tr><td>联系电话</td><td></td><td>联系电话</td><td></td></tr>
</table>

<table>
<tr><td rowspan="2">本卡发放单位
（盖章）</td><td>负责人</td><td></td><td rowspan="2">户主签名</td><td rowspan="2"></td><td>联系电话</td><td></td></tr>
<tr><td>联系电话</td><td></td><td>日期</td><td>年　月　日</td></tr>
</table>

（本卡发至受地质灾害隐患威胁群众手中，一式三份，受威胁群众、发放单位、自然资源管理部门各存一份）

表 B.3　地质灾害监测预警群测群防监测点布置表

建点时间：　　年　　月　　日　　　　　　　　　　　　　　　　　档案号：

<table>
<tr><td>灾害体名称</td><td colspan="2"></td><td>灾害体统一编号</td><td colspan="2">县区行政区划码 按乡镇编号 灾害体序号 类型
□□□□□□ ×××□□□ □□ □□</td></tr>
<tr><td>地理位置</td><td>省（区、市）</td><td>县（区、市）</td><td>乡（镇、街道办事处）</td><td>村组（社区）</td><td>村长：　　电话：</td></tr>
<tr><td>监测人员</td><td></td><td colspan="2">电话 1：</td><td>电话 2：</td><td>组长：　　电话：</td></tr>
<tr><td>监测平面布置图</td><td colspan="5">要求：图上应标明崩滑体或塌岸段周界、地表裂缝、洼地、鼓丘、井泉、房屋，裂缝编号及裂缝上监测点编号，变形房屋及（墙上）裂缝编号，巡查路线及撤离路线等。</td></tr>
</table>

<table>
<tr><td rowspan="16">监测内容</td><td rowspan="16">裂缝</td><td rowspan="2">地裂 1</td><td rowspan="2">主人：</td><td rowspan="2">□田内 □房内
□房外</td><td rowspan="2">年
月　日</td><td>长/m</td><td>宽/m</td><td>深/m</td><td>下错/m</td><td>监测点/个</td><td rowspan="2">监测点编号：
DL□□</td></tr>
<tr><td></td><td></td><td></td><td></td><td></td></tr>
<tr><td rowspan="2">地裂 2</td><td rowspan="2">主人：</td><td rowspan="2">□田内 □房内
□房外</td><td rowspan="2">年
月　日</td><td>长/m</td><td>宽/m</td><td>深/m</td><td>下错/cm</td><td>监测点/个</td><td rowspan="2">监测点编号：
DL□□</td></tr>
<tr><td></td><td></td><td></td><td></td><td></td></tr>
<tr><td rowspan="2">地裂 3</td><td rowspan="2">主人：</td><td rowspan="2">□田内 □房内
□房外</td><td rowspan="2">年
月　日</td><td>长/m</td><td>宽/m</td><td>深/m</td><td>下错/cm</td><td>监测点/个</td><td rowspan="2">监测点编号：
DL□□</td></tr>
<tr><td></td><td></td><td></td><td></td><td></td></tr>
<tr><td rowspan="2">地裂 4</td><td rowspan="2">主人：</td><td rowspan="2">□田内 □房内
□房外</td><td rowspan="2">年
月　日</td><td>长/m</td><td>宽/m</td><td>深/m</td><td>下错/cm</td><td>监测点/个</td><td rowspan="2">监测点编号：
DL□□</td></tr>
<tr><td></td><td></td><td></td><td></td><td></td></tr>
<tr><td rowspan="2">墙裂 1</td><td rowspan="2">房主：</td><td rowspan="2">□根部 □中部
□顶部</td><td rowspan="2">年
月　日</td><td>长/m</td><td colspan="2">宽/m</td><td>错开/cm</td><td>监测点/个</td><td rowspan="2">监测点编号：
QL□□</td></tr>
<tr><td></td><td colspan="2"></td><td></td><td></td></tr>
<tr><td rowspan="2">墙裂 2</td><td rowspan="2">房主：</td><td rowspan="2">□根部 □中部
□顶部</td><td rowspan="2">年
月　日</td><td>长/m</td><td colspan="2">宽/m</td><td>错开/cm</td><td>监测点/个</td><td rowspan="2">监测点编号：
QL□□</td></tr>
<tr><td></td><td colspan="2"></td><td></td><td></td></tr>
<tr><td rowspan="2">墙裂 3</td><td rowspan="2">房主：</td><td rowspan="2">□根部 □中部
□顶部</td><td rowspan="2">年
月　日</td><td>长/m</td><td colspan="2">宽/m</td><td>错开/cm</td><td>监测点/个</td><td rowspan="2">监测点编号：
QL□□</td></tr>
<tr><td></td><td colspan="2"></td><td></td><td></td></tr>
<tr><td rowspan="2">墙裂 4</td><td rowspan="2">房主：</td><td rowspan="2">□根部 □中部
□顶部</td><td rowspan="2">年
月　日</td><td>长/m</td><td colspan="2">宽/m</td><td>错开/cm</td><td>监测点/个</td><td rowspan="2">监测点编号：
QL□□</td></tr>
<tr><td></td><td colspan="2"></td><td></td><td></td></tr>
</table>

表 B.3 地质灾害监测预警群测群防监测点布置表(续)

建点时间： 年 月 日 档案号：

<table>
<tr><td rowspan="6">监测内容</td><td>泉水</td><td>泉 1</td><td colspan="2">位置：</td><td>泉 2</td><td>位置：</td><td>监测内容</td><td>水量变化
清浊变化</td><td>监测点编号
QS□□</td></tr>
<tr><td>井水</td><td>井 1</td><td colspan="2">位置：</td><td>井 2</td><td>位置：</td><td>监测内容</td><td>水位变化
清浊变化</td><td>监测点编号
JS□□</td></tr>
<tr><td rowspan="2">地鼓</td><td>地鼓 1</td><td>主人：</td><td>位置：</td><td>年 月 日</td><td>长/m
</td><td>宽/m
</td><td>高/m
</td><td>监测点编号
DG□□</td></tr>
<tr><td>地鼓 2</td><td>主人：</td><td>位置：</td><td>年 月 日</td><td>长/m
</td><td>宽/m
</td><td>高/m
</td><td>监测点编号
DG□□</td></tr>
<tr><td colspan="2">宏观巡查内容</td><td colspan="7"></td></tr>
</table>

<table>
<tr><td>监测周期</td><td colspan="2">□雨季:每周一次</td><td colspan="2">□变形剧烈:每日一次或数次</td></tr>
<tr><td>监测方法</td><td colspan="2">测量:□钢尺 □钢卷尺 □皮尺</td><td colspan="2">巡查:□巡视 □观查 □测量 □记录</td></tr>
<tr><td>监测组织</td><td colspan="2">县(区)级负责人： 电话：</td><td colspan="2">乡(镇)负责人： 电话：</td></tr>
<tr><td rowspan="2">监测报表</td><td>报送单位</td><td>□县(区)级监测站
□乡(镇)监测负责人</td><td>报告内容</td><td>□监测数据 □巡查信息</td></tr>
<tr><td>报告方式</td><td colspan="3">□电话 □报表邮寄 □报表传真 □电子邮件</td></tr>
<tr><td rowspan="2">预警报告</td><td>报告程序</td><td>组长 □乡(镇)监测负责人
村长 □县(区)级监测站</td><td>报告内容</td><td>□监测数据 □巡查信息
□撤离依据</td></tr>
<tr><td>报告方式</td><td colspan="3">□电话 □报表邮寄 □车 □船 □电子邮件</td></tr>
<tr><td>主要保护对象</td><td>户 人</td><td>房屋 栋 m^2</td><td>其他</td><td>资产 万元</td></tr>
<tr><td rowspan="2">防灾预案</td><td>预警信号</td><td colspan="3">□广播 □敲钟 □呼喊 □电话 □旗帜 □灯光</td></tr>
<tr><td>应急措施</td><td colspan="3">□组建机构 □组织撤离 □报告 □抢险 □医疗救助 □通信 □交通
□照明 □警戒 □监测 □安置 □水源 □生活 □防病</td></tr>
</table>

布置负责人： 填表人： 填表日期： 年 月 日

调查单位： 县(区)级监测站负责人： 乡(镇)监测负责人：

注:监测点编号由 4 位编码组成,第 1～2 位为监测内容汉字拼音首字母组成,即地面裂缝为 DL,墙壁(建筑物)裂缝为 QL,泉水为 QS,井水为 JS,地鼓为 DG;第 3～4 位为顺序编号 01～99,小于 10 前面冠 0。

表 B.4 地质灾害监测预警群测群防监测记录表

监测时间： 年 月 日至 年 月 日 档案号：

灾害体名称				灾害体统一编号				
地理位置	省（区、市）		县（区、市）	乡（镇、街道办事处）	村组（社区）		村长：	电话：
监测人员			电话1：		电话2：		组长：	电话：
内容	监测点编号	月 日	月 日	月 日	月 日	月 日	月 日	月 日
地裂1	DL□□	缝宽 mm 增（减） mm	缝宽 mm 增（减） mm	缝宽 mm 增（减） mm	缝宽 mm 增（减） mm	缝宽 mm 增（减） mm	缝宽 mm 增（减） mm	缝宽 mm 增（减） mm
	DL□□	缝宽 mm 增（减） mm	缝宽 mm 增（减） mm	缝宽 mm 增（减） mm	缝宽 mm 增（减） mm	缝宽 mm 增（减） mm	缝宽 mm 增（减） mm	缝宽 mm 增（减） mm
地裂2	DL□□	缝宽 mm 增（减） mm	缝宽 mm 增（减） mm	缝宽 mm 增（减） mm	缝宽 mm 增（减） mm	缝宽 mm 增（减） mm	缝宽 mm 增（减） mm	缝宽 mm 增（减） mm
	DL□□	缝宽 mm 增（减） mm	缝宽 mm 增（减） mm	缝宽 mm 增（减） mm	缝宽 mm 增（减） mm	缝宽 mm 增（减） mm	缝宽 mm 增（减） mm	缝宽 mm 增（减） mm
地裂3	DL□□	缝宽 mm 增（减） mm	缝宽 mm 增（减） mm	缝宽 mm 增（减） mm	缝宽 mm 增（减） mm	缝宽 mm 增（减） mm	缝宽 mm 增（减） mm	缝宽 mm 增（减） mm
	DL□□	缝宽 mm 增（减） mm	缝宽 mm 增（减） mm	缝宽 mm 增（减） mm	缝宽 mm 增（减） mm	缝宽 mm 增（减） mm	缝宽 mm 增（减） mm	缝宽 mm 增（减） mm
墙裂1	QL□□	缝宽 mm 增（减） mm	缝宽 mm 增（减） mm	缝宽 mm 增（减） mm	缝宽 mm 增（减） mm	缝宽 mm 增（减） mm	缝宽 mm 增（减） mm	缝宽 mm 增（减） mm
	QL□□	缝宽 mm 增（减） mm	缝宽 mm 增（减） mm	缝宽 mm 增（减） mm	缝宽 mm 增（减） mm	缝宽 mm 增（减） mm	缝宽 mm 增（减） mm	缝宽 mm 增（减） mm
墙裂2	QL□□	缝宽 mm 增（减） mm	缝宽 mm 增（减） mm	缝宽 mm 增（减） mm	缝宽 mm 增（减） mm	缝宽 mm 增（减） mm	缝宽 mm 增（减） mm	缝宽 mm 增（减） mm
	QL□□	缝宽 mm 增（减） mm	缝宽 mm 增（减） mm	缝宽 mm 增（减） mm	缝宽 mm 增（减） mm	缝宽 mm 增（减） mm	缝宽 mm 增（减） mm	缝宽 mm 增（减） mm
墙裂3	QL□□	缝宽 mm 增（减） mm	缝宽 mm 增（减） mm	缝宽 mm 增（减） mm	缝宽 mm 增（减） mm	缝宽 mm 增（减） mm	缝宽 mm 增（减） mm	缝宽 mm 增（减） mm
	QL□□	缝宽 mm 增（减） mm	缝宽 mm 增（减） mm	缝宽 mm 增（减） mm	缝宽 mm 增（减） mm	缝宽 mm 增（减） mm	缝宽 mm 增（减） mm	缝宽 mm 增（减） mm
地鼓1	DG□□	高 cm 增 cm	高 cm 增 cm	高 cm 增 cm	高 cm 增 cm	高 cm 增 cm	高 cm 增 cm	高 cm 增 cm
地鼓2	DG□□	高 cm 增 cm	高 cm 增 cm	高 cm 增 cm	高 cm 增 cm	高 cm 增 cm	高 cm 增 cm	高 cm 增 cm
泉1	QS□□	水量□增 □减 清浊度□清 □浊	水量□增 □减 清浊度□清 □浊	□水量增 □减 清浊度□清 □浊	水量□增 □减 清浊度□清 □浊	水量□增 □减 清浊度□清 □浊	水量□增 □减 清浊度□清 □浊	水量□增 □减 清浊度□清 □浊
泉2	QS□□	水量□增 □减 清浊度□清 □浊	水量□增 □减 清浊度□清 □浊	水量□增 □减 清浊度□清 □浊	水量□增 □减 清浊度□清 □浊	水量□增 □减 清浊度□清 □浊	水量□增 □减 清浊度□清 □浊	水量□增 □减 清浊度□清 □浊
井1	JS□□	水位□升 □降 清浊度□清 □浊	水位□升 □降 清浊度□清 □浊	水位□升 □降 清浊度□清 □浊	水位□升 □降 清浊度□清 □浊	水位□升 □降 清浊度□清 □浊	水位□升 □降 清浊度□清 □浊	水位□升 □降 清浊度□清 □浊
井2	JS□□	水位□升 □降 清浊度□清 □浊	水位□升 □降 清浊度□清 □浊	水位□升 □降 清浊度□清 □浊	水位□升 □降 清浊度□清 □浊	水位□升 □降 清浊度□清 □浊	水位□升 □降 清浊度□清 □浊	水位□升 □降 清浊度□清 □浊
堰塘1	YT□□	水位 cm 增 cm	水位 cm 增 cm	水位 cm 增 cm	水位 cm 增 cm	水位 cm 增 cm	水位 cm 增 cm	水位 cm 增 cm
堰塘2	YT□□	水位 cm 增 cm	水位 cm 增 cm	水位 cm 增 cm	水位 cm 增 cm	水位 cm 增 cm	水位 cm 增 cm	水位 cm 增 cm

附 录 C
(资料性附录)
监测方案编制大纲

一、前言

1.任务来源

2.以往工作程度

二、监测区自然地理及地质环境

三、监测区地质灾害基本情况

四、监测点建设设计

1.设计选点原则

2.监测方法及技术要求

五、地质灾害监测平台建设

六、监测资料整理及会交

七、地质灾害应急预案

八、群测群防建设与运行管理

九、经费预算(含执行的定额标准)

十、附件

1.附图(群测群防监测点分布图)

2.附表(地质灾害体特征一览表、各地质灾害体监测方法汇总表)

3.各单点设计(含单点应急预案)

附　录　D
（资料性附录）
简易自动化监测设备

D.1　自动雨量监测站

实时监测雨量，并上传雨量信息。

D.2　拉线式裂缝计

实时测量裂缝变化量，并上传信息。

D.3　裂缝报警器

可设置裂缝位移阈值，超过阈值触发报警装置。

D.4　倾斜报警仪

实时测量倾斜角度，并上传信息。可设置倾斜角度阈值，超过阈值触发报警装置。

D.5　监测照相机

具有高清数码照相功能，内置方位角、倾角、卫星定位传感器。可同时上传照片及其空间信息。

D.6　地表变形预警伸缩仪

可设置地表变形阈值，超过阈值触发报警装置。

D.7　便携式 GNSS 位移监测

具有 RTK 高精度定位和位移测量功能，精度可达毫米级，监测数据可实时上传。

D.8　崩塌报警仪

监测崩塌体倾斜角度。可设置倾斜角度阈值，超过阈值触发报警装置。

D.9　便携水位计

可实时监测水位数据，并上传数据。

附 录 E
（资料性附录）
地质灾害警示牌示样

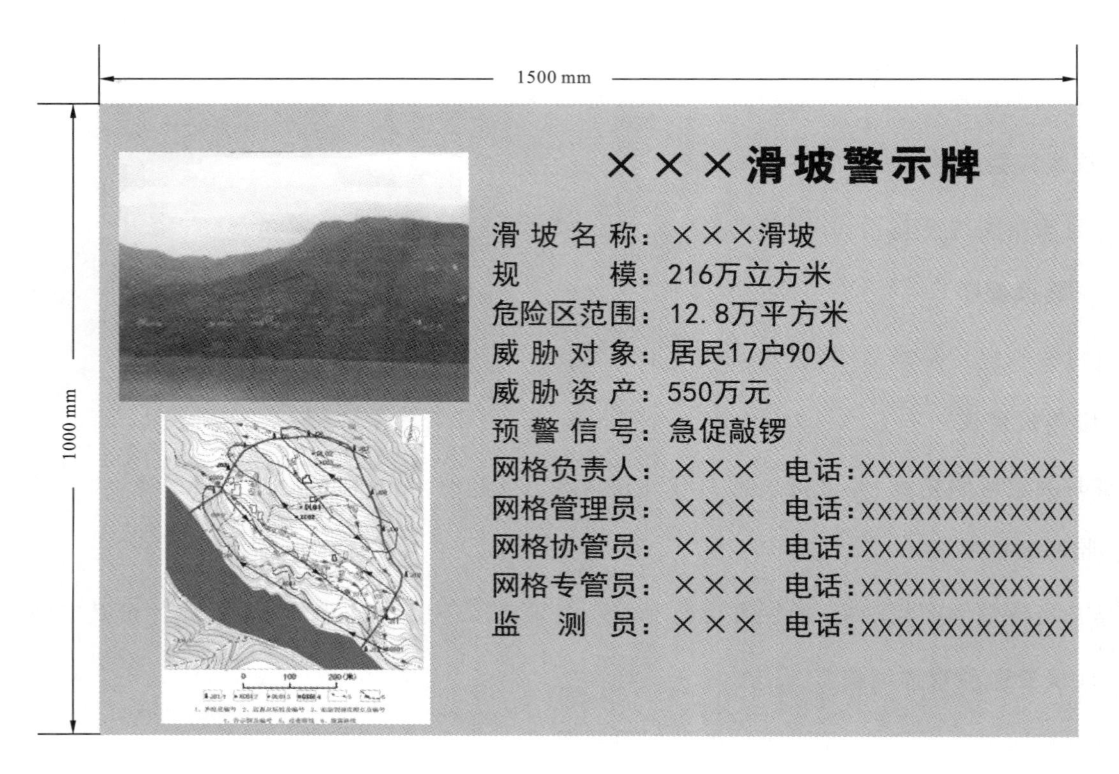

说明：

1）　地质灾害警示牌背景颜色统一用蓝色或白色，对应字体颜色用白色或蓝色。

2）　警示牌标题字体尺寸 60 mm×60 mm 至 100 mm×100 mm，字体为黑体。

3）　警示牌说明文字尺寸 25 mm×25 mm 至 40 mm×40 mm，字体为黑体或宋体。

4）　隐患点照片：用红色醒目线标出隐患点的形态，提供照片拍摄时间、拍摄地点、拍摄镜向等信息。照片格式 JPG，拍摄像素不低于 800 万。若无拍摄全景条件，可使用卫星遥感影像替代，遥感影像精度不低于 0.5 m，图片范围不超过隐患点周边 500 m。

5）　隐患点防灾预案平面图内容：细化到每一个住户的临灾预警撤离路线、监测巡查路线、各类监测点位置及其编号、界桩位置及其编号、警示牌位置及其编号、线段比例尺、图例等。

6）　隐患点防灾预案平面图选用白色为底图颜色，图中重点标注及标注内容选用红色。

附　录　F
（资料性附录）
群测群防监测员工作装备一览表

序号	类别	工作装备
1	监测工具	群测群防专用手机、皮尺、钢卷尺等
2	记录工具	监测记录本、记录表、笔等
3	预警工具	口哨、铜锣、扩音喇叭、礼花冲天炮等
4	穿戴用具	草帽、安全帽、毛巾、监测袖章、工具包、雨靴、雨衣、强光手电筒等
5	简易自动化监测设备	自动雨量监测站、拉线式裂缝计、裂缝报警器、倾斜报警仪、监测照相机、地表变形预警伸缩仪、便携式 GNSS 位移监测、崩塌报警仪、便携水位计等